HÈQUE L. CURMER.

NEMENT UNIVERSEL.

LEÇONS ÉLÉMENTAIRES

DE

SCIENCES NATURELLES

APPLIQUÉES

A L'HYGIÈNE

PAR

M. Emm. LE MAOUT,

Docteur en Médecine.

Cours autorisé par M. le MINISTRE DE L'INSTRUCTION PUBLIQUE.

Adopté par l'Association pour l'Éducation populaire.

10 centimes.

PARIS.

LIBRAIRIE DE L. CURMER,

rue de Richelieu, 47, AU PREMIER.

1850   (6e Leçon.)

ASSOCIATION
POUR L'ÉDUCATION POPULAIRE.

L'Association pour l'éducation populaire a pour but de contribuer au développement de l'éducation et de l'instruction du peuple. Elle se propose, pour y arriver, d'employer les moyens suivants :

Provoquer la composition ou la traduction de traités élémentaires des sciences les plus utiles, de manuels technologiques, de récits moraux et instructifs, de traités des devoirs et des droits des citoyens ;

Appeler des dons et des souscriptions, et en employer le montant à la distribution gratuite de livres spéciaux dans les ateliers, dans les établissements agricoles, les écoles régimentaires, aux convalescents des hôpitaux civils et militaires, aux détenus. et aussi dans les écoles primaires et les ouvroirs ;

Publier des programmes d'ouvrages destinés à réaliser ses vues, et décerner des prix aux auteurs qui auront le mieux rempli les conditions de ces programmes ;

Encourager la formation de bibliothèques communales ;

Lutter contre le colportage des mauvais livres et y substituer la distribution des livres adoptés par l'Association, en donnant des primes aux colporteurs ;

Établir des correspondances avec les maires des communes, les ministres de tous les cultes, les instituteurs primaires, les associations religieuses et charitables ;

Provoquer l'établissement de comités dans les départements et la formation de sociétés de dames, qui distribueront les livres dont l'Association aura la disposition.

L'Association appelle le concours de collaborateurs dont les mille premiers recevront le titre d'*associés fondateurs*. Une cotisation mensuelle de QUATRE FRANCS sera payée par eux, et leur donnera droit à la remise gratuite de *quarante*

BIBLIOTHÈQUE L. CURMER.

ENSEIGNEMENT UNIVERSEL

LEÇONS ÉLÉMENTAIRES

DE

SCIENCES NATURELLES

APPLIQUÉES A

L'HYGIENE,

PAR

M. Emm. LE MAOUT,

Docteur en Médecine.

La Science est l'amie de tous.

PLATON.

SIXIÈME LEÇON

HYDROGÈNE SULFURÉ.

HYDROGÈNE PHOSPHORÉ.

SILICE. ALUMINE.

PARIS.

L. CURMER,

Rue de Richelieu, 47, AU PREMIER.

1850

ASSOCIATION
POUR L'ÉDUCATION POPULAIRE.

L'Association pour l'éducation populaire, sur le rapport de son comité de rédaction, approuve l'impression de l'ouvrage intitulé **Leçons Élémentaires de Sciences Naturelles** appliquées à l'**Hygiène**, par M. Emm. LE MAOUT. Sixième leçon, *Hydrogène Sulfuré. Hydrogène Phosphoré. — Silice. Alumine.*

Paris, le 1er Mars 1850.

Le *Vice-Président*,
D'ALBERT DE LUYNES.

Pour ampliation :

BLOCK,
Secrétaire général.

La **Bibliothèque L. Curmer** est destinée à enserrer dans un vaste réseau de publications *tout* ce qui touche à l'**Enseignement Universel**, à l'**Enseignement Moral** et à l'**Enseignement Élémentaire**. Sous le premier titre, elle abordera toutes les questions qui dérivent de la Constitution ; sous le deuxième, elle comprendra une série d'histoires et de récits instructifs et amusants ; sous le troisième, elle donnera des notions de toutes les sciences.

Elle fait un appel à l'*intelligence*, en la conviant à répandre ses bienfaits sur tous ceux qui ont besoin d'apprendre, à la *richesse*, en l'engageant à populariser ces petits écrits et à les distribuer avec la profusion qu'ils méritent par leur but et leur importance ; aux *travailleurs*, en leur offrant un moyen sûr et peu dispendieux d'acquérir sans peine toutes les connaissances qui forment l'homme et le citoyen.

Ces petites publications coûteront 10, 20, 30, 40 et 50 centimes, selon le nombre de feuilles de 32 pages, et celui des gravures qui serviront à l'explication du texte.

HYDROGÈNE SULFURÉ.

HYDROGENE PHOSPHORÉ.

SILICE, ALUMINE.

Nous avons étudié, dans nos précédentes leçons, les corps binaires dont l'Hydrogène fait partie : vous connaissez l'Eau ou Oxyde d'Hydrogène, l'Ammoniaque, ou Azoture d'Hydrogène, l'Acide chlorhydrique, l'Hydrogène carboné ; il nous en reste deux autres à étudier, ce sont l'*Hydrogène sulfuré* et l'*Hydrogène phosphoré*. C'est par ces deux composés que nous terminerons l'histoire des gaz utiles ou nuisibles à l'homme.

HYDROGÈNE SULFURÉ. — L'Hydrogène combiné avec le Soufre forme un gaz, que l'on nomme indistinctement *Sulfure d'Hydrogène*, *Acide sulfhydrique*, ou *Hydrogène sulfuré*. Ce gaz est incolore, d'une odeur très fétide, analogue à celle des œufs pourris. Son action vénéneuse est très énergique; il suffit de la présence dans l'air d'un quinze-centième d'Hydrogène sulfuré pour tuer un oiseau, et d'un centième pour faire périr un chien. Ce gaz se trouve dissous dans certaines eaux minérales, qu'on nomme *eaux sulfureuses*, et dont il est le principe actif : telle est l'eau de *Barèges*. Ces eaux sont employées en médecine, principalement contre les maladies de la peau; on en fabrique même d'*artificielles*. L'Hydrogène sulfuré se produit aussi pendant la décomposition putride des matières animales : les œufs pourris, les matières fécales, les cadavres en putréfaction, en dégagent une grande quantité. C'est ce qui expose à de si graves dangers les hommes qui font des exhumations et ceux qui vident les fosses d'aisance. Outre le Sulfure d'Hydrogène, on a encore à craindre le Gaz Ammoniac, et la combinaison de ces deux gaz, c'est-à-dire le Sulfhydrate d'Ammoniaque. L'usage qui régnait autrefois d'enfermer les cadavres dans des caveaux, ou de les inhumer dans les églises, a été la cause d'une multitude de catastrophes. Lorsqu'on exhuma, en 1789, les cadavres du cimetière des Innocents, beaucoup de fièvres du plus mauvais caractère sévirent sur les propriétaires du voisinage, et le médecin Thouret, qui dirigeait ces exhumations, contracta une fièvre putride, dont il faillit être victime.

On donne le nom de *Plomb* au méphitisme causé par les divers gaz que nous venons de nommer, et qui peuvent instantanément asphyxier ceux qui les respirent. On appelle *Mitte* un méphitisme moins dangereux, dû au gaz Ammoniac seul, et dont le principal effet est l'irritation et l'inflammation de la pellicule ou membrane recouvrant les yeux et les paupières.

On a observé, comme un fait digne de remarque, que les habitants des voiries, loin d'être dans un état habituel de souffrance ou de mauvaise santé, se portent très bien, et en outre sont préservés de la vermine et des maladies de la peau. Dans ce cas, les exhalaisons sulfureuses et ammoniacales sont inoffensives, parce qu'elles sont étendues dans une grande quantité d'air; mais elles conservent assez d'action pour asphyxier les insectes parasites du corps humain, et maintenir l'état normal de la peau en augmentant l'énergie de ses fonctions.

Mais si l'habitation des voiries, qui sont en général établies sur des hauteurs où l'air circule rapidement, n'est pas nuisible à la santé, il n'en est pas de même lorsque les matières animales en décomposition sont renfermées dans un espace étroit. En 1818, sur un navire qui transportait de Rouen à la Guadeloupe un chargement de poudrette, la moitié des hommes périt, et le reste arriva à sa destination dans un état déplorable; des accidents graves se montrèrent aussi chez les hommes qui aidèrent à décharger le bâtiment.

Un mot maintenant sur l'asphyxie à laquelle sont exposés les vidangeurs. — Une fosse d'aisance peut ne pas être méphitisée au moment où l'on y descend, et cependant le devenir pendant la vidange, et même vers la fin de l'opération, lorsque les ouvriers, après avoir enlevé les matières liquides, cassent ce qu'ils appellent *la croûte;* on cite un cas où le méphitisme ne commença qu'à la vingt-huitième tinette.

Quels sont les secours que tout le monde peut administrer aux malheureux asphyxiés par le gaz des fosses d'aisance? C'est encore la chimie qui nous les indique. Je vous ai dit précédemment que le Chlore, en raison de son avidité pour l'Hydrogène, décompose tous les gaz dont l'Hydrogène fait partie; ainsi l'Ammoniaque, qui est de l'Azote plus de l'Hydrogène, le gaz Acide sulfhydrique, qui est du Soufre plus de l'Hydrogène, sont décomposés par le Chlore, qui forme avec l'Hydrogène de l'Acide chlorhydrique : dès lors les miasmes sont détruits. Or, l'asphyxie des fosses d'aisance est causée par l'*Acide sulfhydrique*, par l'*Ammoniaque*, et par le *Sulfhydrate d'Ammoniaque* ; il suffit donc d'administrer le Chlore aux asphyxiés.

On commence par les placer au grand air ; on leur donne les mêmes soins qu'aux personnes asphyxiées par l'Acide carbonique, et en même temps on leur fait respirer du gaz chlore ; mais il faut manier cet agent avec précaution ; le moyen le plus usité est d'imbiber une serviette de vinaigre, et d'y placer quelques fragments de *Chlorure de Chaux* : l'acide du vinaigre s'empare de la Chaux et chasse le Chlore ; l'on met la serviette sous le nez du malade, et l'Acide sulfhydrique qui se trouve dans les organes de la respiration est décomposé sur-le-champ.

Le gaz Acide sulfhydrique est combustible ; il brûle à l'air avec une flamme bleue ; il y a formation d'eau et de gaz Acide sulfureux. De cette propriété résulte un danger, que je dois vous signaler : si l'on jette un corps allumé dans une fosse d'aisance où il se dégage une grande quantité de Gaz sulfhydrique, le Gaz s'enflamme en se combinant avec l'Oxygène de l'Air, auquel il est mêlé, et il se fait une explosion qui peut produire des effets terribles.

Une autre propriété de l'Acide sulfhydrique, c'est de se combiner rapidement avec les métaux blancs, tels que l'Argent, le Plomb, l'Étain, le Bismuth, et de décomposer les sels dont ces métaux font partie. Laissez une cuiller d'argent dans de l'eau de Barèges, ou dans des œufs pourris, la cuiller deviendra noire : il s'est formé un *Sulfure d'Argent.*

Lorsqu'on fait la vidange des fosses d'aisance, tout le monde a remarqué que les dorures des glaces sont noircies, ainsi que l'argenterie ; les murailles et les boiseries peintes au *blanc de Céruse,* qui est du *Carbonate de Plomb,* noircissent aussi pendant les vidanges.

Le *blanc de Bismuth* est un sel très employé par les personnes qui se fardent, de là son nom vulgaire de *blanc de fard.* Ce sel, qui se met facilement en poudre impalpable, remplit les rides du visage, et sur cet enduit blanc on passe ensuite du carmin. Or, il suffit qu'une surface ainsi fardée se trouve exposée à l'action du gaz sulfhydrique, pour qu'elle noircisse à l'instant : la dame blanche se verra donc subitement métamorphosée en Éthiopienne, et, qui pis est, en Éthiopienne incomplète. Il ne faut, pour obtenir ce triste résultat, que la rencontre de cette longue file de voitures nocturnes, à lanterne sombre, qui stationnent ou cheminent, passé minuit, dans les rues de Paris ; il suffit même d'un séjour de quelques minutes dans certains *cabinets*, dont les soupiraux sont mal fermés...

Hydrogène phosphoré. — L'*Hydrogène phosphoré*, ou *Phosphure d'Hydrogène*, est intéressant à connaître, à cause de sa nature éminemment inflammable, qui a donné lieu pendant bien longtemps à des croyances superstitieuses.

Pour obtenir ce corps, on met en présence de l'Eau, du Phosphore et de la *Potasse*, substance alcaline, que nous étudierons bientôt ; l'on chauffe le vase qui contient ces substances : bientôt il se dégage des bulles de gaz, qui s'enflamment aussitôt qu'elles arrivent à l'air, même après avoir traversé de l'eau. Chaque bulle, en s'enflammant, produit une couronne de vapeurs blanches, qui s'élargit peu à peu dans son ascension.

Que s'est-il passé entre l'Eau, le Phosphore et la Potasse? Le Phosphore seul n'aurait pas décomposé l'Eau ; mais la présence de la Potasse provoque cette décomposition, et cette puissance provocatrice est due à l'affinité de la Potasse pour le Phosphore acidifié par l'Oxygène. Vous avez pu observer une réaction semblable dans la préparation du Gaz Hydrogène : la présence de l'Acide sulfurique avait déterminé la décomposition de l'Eau par le Fer ou le Zinc, sans le secours de la chaleur. Ici, l'Eau s'est décomposée, son Oxygène se porte sur le Phosphore, et forme avec lui un Acide phosphoreux (*hydro - phosphoreux*), cet Acide se combine aussitôt avec la Potasse, et l'Hydrogène est mis en liberté ; mais comme il a lui-même, à l'état naissant, de l'affinité pour le Phosphore, une portion de ce dernier s'unit à lui et se dégage à l'état d'Hydrogène phosphoré. Ce gaz, arrivé à l'air, se combine immédiatement avec l'Oxygène, et forme avec lui de l'Eau et de l'Acide phosphorique, qui constituent ces élégantes auréoles de vapeurs blanches que vous voyez naître de chaque jet de flamme, et se dilater en tourbillonnant, à mesure qu'elles s'élèvent.

Les réactions chimiques sont ordinairement exprimées par des tableaux synoptiques ou légendes, qui en font saisir l'ensemble. Voici la légende de la réaction qui donne lieu à la formation du gaz Hydrogène phosphoré. Cette légende résume la théorie que je viens de vous exposer.

$$\text{EAU} = \begin{cases} \text{Hydr.} + \text{Phosp.} = \text{Hydrogène phosporé.} \\ \text{Oxyg.} + \text{Phosp.} = \text{Acide phosphoreux.} \\ \qquad\qquad\qquad \text{Potasse.} \end{cases} \Big\} = \begin{array}{l} \text{Phosphite} \\ \text{de potasse.} \end{array}$$

Le meilleur procédé pour obtenir le gaz hydrogène phosphoré consiste à mettre en présence le Phosphure de Chaux et l'Eau. Il suffit de jeter dans l'eau un fragment de Phosphure de Chaux pour que la réaction commence immédiatement : l'eau est décomposée, l'Hydrogène phosphoré se dégage, et il reste dans l'eau des phosphite et phosphate de Chaux.

L'hydrogène phosphoré se produit spontanément dans les lieux où sont enfouies des matières animales, et surtout dans les marais et les cimetières humides. Les matières animales contiennent, comme nous le verrons plus tard, une notable quantité de Phosphore ; il y en a dans les os, dans le cerveau et dans les nerfs, il y a de l'Hydrogène surtout dans les tissus graisseux des cadavres en décomposition. Les divers éléments qui constituent le corps des animaux, n'étant plus enchaînés par la puissance vitale, tendent à se mettre en liberté, et à se combiner deux à deux : c'est alors que l'**Hydrogène** et le **Phosphore** s'unissent, et forment un gaz, qui se glisse entre les crevasses du sol, et vient s'enflammer à l'air. Ce sont ces feux que l'on voit, surtout dans les nuits chaudes de l'été, s'allumer subitement, et voltiger au-dessus des tombeaux. Les gens de la campagne les observent avec terreur, et s'imaginent que ce sont les âmes de leurs pères qui leur demandent des prières. Il y a en Europe, et surtout en Amérique, de vastes marécages, d'où s'exhale ce gaz inflammable ; le voyageur, égaré pendant la nuit, prend ces langues de feu pour la lumière qui brille dans quelque maison isolée ; il se dirige à grands pas sur elle, croyant marcher vers un asile hospitalier, et il tombe dans un marais, où il est exposé à périr.

On donne à ces flammes les noms de *feux follets,* de *flambards,* elles sont le texte d'une foule de contes et de traditions miraculeuses. Vous trouverez encore, dans les campagnes de quelques contrées de la France, des bonnes gens qui vous diront que ces feux sont allumés par un malin esprit pour attirer les voyageurs dans des marais ; et ceux d'entre eux à qui il est arrivé de tomber dans le piège, vous affirmeront très sincèrement qu'au moment de leur chute, l'esprit follet éteignait sa lumière, et saluait sa dupe par un grand éclat de rire.

———o———

Nous avons terminé l'histoire abrégée des corps *non métalliques*, soit simples, soit binaires. Avant de commencer celle des *métaux* et de leurs combinaisons, je vais vous donner quelques détails sur l'*Oxyde de Silicium* ou *Silice*, que je m'étais contenté de mentionner dans ma troisième Leçon, et dont l'étude trouve ici naturellement sa place, car le *Silicium* peut être considéré comme intermédiaire entre les corps non métalliques et les métaux.

Silice. La *Silice* est une substance généralement répandue dans la nature, et constituant une grande partie de l'écorce solide du globe terrestre. On la rencontre tantôt pure, tantôt combinée avec des bases vis-à-vis desquelles elle joue le rôle d'acide, aussi lui donne-t-on le nom d'*Acide silicique*, et l'on nomme *Silicates* les sels qu'elle forme avec les bases.

La Silice a pour caractères de rayer le verre, d'étinceler sous le briquet, d'être insoluble dans tous les acides (excepté dans un seul, *Acide fluorhydrique*, dont nous parlerons bientôt), et d'être infusible aux plus hautes températures de nos fourneaux.

La Silice constitue dans le Règne inorganique, trois espèces bien distinctes, désignées sous le nom de *Quarz* : 1° le *Quarz hyalin*, qui forme des cristaux transparents à cassure vitreuse ; 2° le *Quarz Agate* qui forme des masses amorphes (c'est-à-dire sans forme régulière), ordinairement translucides, c'est-à-dire demi-transparentes, quelquefois tout-à-fait opaques, à cassure grasse et cireuse ; 3° le *Quarz Opale*, moins dur que les deux espèces précédentes, plus ou moins translucide, ou quelquefois opaque; toujours combiné avec une certaine quantité d'eau. Enumérons rapidement les diverses variétés de ces trois espèces.

Le *cristal de roche* ou Quarz hyalin incolore, est la Silice à son plus grand état de pureté ; il se rencontre généralement cristallisé en prismes à six pans, terminés par des pyramides à six faces. Cette pierre, malgré son extrême dureté, était mise en usage par les anciens, qui la taillaient pour en faire des vases d'ornement. De nos jours, on en fabrique des verres de lunettes et divers instruments d'optique où la dureté doit accompagner la transparence.

Le *cristal de roche* est souvent coloré, soit par des Oxydes de métaux (ordinairement Fer ou Manganèse), soit par des argiles ferrugineuses, soit enfin par des matières organiques. Telles sont les pierres suivantes :

L'*Améthyste*, Quarz hyalin violet, plus ou moins foncé, tantôt uniforme, tantôt entremêlé avec du quarz hyalin incolore, par bandes parallèles, droites ou sinueuses, ou en zigzag ; pierre assez estimée dans la joaillerie, surtout quand elle est grosse et de couleur foncée ; elle est alors recherchée pour les bagues d'évêque.

La *fausse Topaze*, Quarz hyalin jaune, ou verdâtre, ou orangé.

Le *Péliom*, Quarz bleu, rarement transparent, souvent translucide, ou même opaque.

Le *diamant d'Alençon*, Quarz enfumé, brun ou noir, devant fréquemment cette couleur à une matière fugace, ou à un arrangement de particules, car la teinte foncée se perd par l'action du feu, ou même passe, soit au jaune, soit au rougeâtre, en augmentant de transparence.

La *Prase*, Quarz de couleur verte produite par des matières étrangères qui y sont mélangées sans combinaison.

Le *Sinople*, Quarz rouge, devant sa couleur à du peroxyde de fer mélangé.

L'*Hyacinthe de Compostelle*, ou Quarz hématoïde, formant de petits cristaux d'un rouge vif, mélangés d'argile ferrugineuse.

Le *pseudo-Rubis*, Quarz rose, de teinte plus ou moins foncée; tantôt opaque, tantôt translucide.

L'*œil-de-Chat*, Quarz chatoyant, offrant des reflets soyeux, blanchâtres ou roussâtres, ou verdâtres, sur un fond translucide: le chatoiement paraît être produit par l'interposition de Quarz en fibres ténues, qui donnent lieu à des jeux de lumière.

L'*Aventurine*, Quarz présentant sur un fond blanc, verdâtre, ou brun rougeâtre, des points qui scintillent en renvoyant à l'œil des reflets vifs, dus à des fissures ou à des lames quarzeuses plus pures et plus diaphanes que le reste de la substance.

Le *Quarz arénacé*, ou *sable*, tantôt plus ou moins divisé, tantôt agglutiné, comme dans le grès du pavé de Paris : chaque grain est un fragment de cristal de roche. Les sables blancs et purs sont employés dans les verreries; les pierres de grès sont rarement mises en usage dans la construction des édifices, on les réserve plus particulièrement pour les pavés. Certains grès servent à faire des meules et des pierres à aiguiser.

La seconde espèce, le *Quarz-Agate*, est constamment le produit d'une cristallisation confuse, résultant de l'évaporation précipitée d'un liquide qui tenait la silice en dissolution. Elle se présente en amas arrondis ou *rognons*, formés de couches superposées dans lesquelles les couches inférieures sont généralement les plus colorées. Les Agates blanchissent au feu, et s'y désagrégent même entièrement. Voici les principales variétés de l'espèce.

La *Calcédoine*, Quarz-Agate, à demi-transparence nébuleuse, de couleur plus ou moins laiteuse, avec une teinte de jaune ou de bleuâtre; cette variété, taillée et polie, présente souvent dans son intérieur des taches ou des veines rousses, et de plus des petits nuages arrondis qui sont dus à la forme mamelonnée qu'elle affecte ordinairement. On donne le nom d'*Agate orientale* aux Calcédoines qui présentent cet accident. Le *caillou d'Égypte* est une calcédoine panachée, offrant quelquefois l'aspect de ruines.

La *Sardoine ou Sardonyx*, Quarz-Agate, de couleur orangée, plus ou moins foncée, passant même au brun marron dans les morceaux épais.

Le *Plasma*, Quarz-Agate, vert foncé, offrant la couleur de l'herbe, avec des nuances irrégulièrement répandues de blanchâtre, de jaunâtre, etc.

La *Chrysoprase*, Quarz-Agate d'un vert pomme agréable à l'œil, passant rarement au vert foncé, à cassure terne, devant sa couleur à l'Oxyde de Nickel.

La *Cornaline*, Quarz-Agate, de couleur rouge, rose, brune, grise, noire; la plus estimée est celle qui offre une couleur rouge cerise.

La *Saphirine*, Quarz-Agate bleuâtre, violâtre ou verdâtre;

Le *Silex*, Quarz-Agate, de couleur variant du jaune blond au noir bleuâtre, à cassure conchoïde, à fragments convexes et à bords tranchants; cette variété est connue sous les noms de *Silex pyromaque, pierre à fusil*;

La *Meulière*, ou *Silex cellulaire*, Quarz-Agate, criblé de cavités irrégulières renfermant de l'argile ferrugineuse d'un jaune orangé qui colore quelquefois toute la masse; minéral précieux qu'on met en œuvre, non seulement comme pierre de construction solide et légère, mais comme meule de moulin.

Les variétés de l'Agate se rencontrent quelquefois réunies plus ou moins irréguliè-

rement et offrant des assemblages remar-
quables par la vivacité et la diversité de leurs
couleurs. Nous citerons quelques exemples :

L'*Onyx*, composé de couches droites
d'une certaine épaisseur, et bien tranchées
de Cornaline et de Calcédoine, de Calcédoine
et de Sardoine, etc., répétées une ou deux
fois au plus ; c'est avec les Onyx que sont
fabriqués les *camées* ; on recherche surtout
les Onyx qui offrent une belle couleur
blanche entre deux couches de couleur brune ;
les artistes conservent la couche la plus foncée pour servir de fond, ils sculptent le relief
principal sur la partie blanche, et réservent
quelque chose de la couche supérieure, soit
pour les cheveux, soit pour les vêtements,
ou quelques accessoires.

L'*Agate rubanée* est composée de couches
droites, sinueuses ou repliées sur elles-
mêmes, variées de couleurs et répétées à
l'infini ;

L'*Agate œillée* est composée de couches
concentriques différemment colorées, ou
d'espèces d'anneaux, bruns et blancs pour
l'ordinaire, qui imitent quelquefois l'iris et
la prunelle de l'œil ;

L'*Agate périgone*, ou *Agate à fortifications*, diffère de la précédente par la largeur
et la disposition de ses bandes, qui sont re-

pliées sur elles-mêmes en formant des angles saillants et rentrants, que l'on a comparés au tracé des fortifications;

L'*Agate ponctuée* offre un fond jaune ou vert, pointillé de brun ou de rouge;

L'*Agate arborisée* offre un fond de Calcédoine avec des imitations de rameaux d'arbres ou de buissons, bruns ou noirs, ou rouges;

L'*Agate mousseuse* est une Calcédoine blanche qui renferme dans son intérieur des substances étrangères, vertes ou brunes, imitant assez bien le port de certaines mousses ou de certaines conferves.

L'Agate *Cacholong* est une variété d'un blanc mat opaque, à cassure creuse irrégulièrement en coquille, happant à la langue dans les parties qui ont l'aspect terreux, et qui forment une espèce de croûte extérieure. Le Cacholong accompagne ordinairement la Calcédoine, et n'en paraît différer que par l'addition d'une substance argileuse. La variété que l'on nomme *Quarz nectique* est un Silex qui présente la curieuse propriété de surnarger quand on le met dans l'eau; on le trouve près de Paris, à Saint-Ouen, sur le bord même de la Seine; il forme des masses noueuses, d'un blanc sale opaque, à cassure terne et inégale, renfermant souvent dans leur centre un noyau de Silex pyromaque, qui se fond dans la masse terreuse par des nuances insensibles. Cette pierre surnage, tant qu'elle n'est pas imbibée d'eau, puis elle se précipite au fond.

Les *Jaspes* sont des Quarz-Agates surchargés d'argile ferrugineuse à laquelle ils doivent leur opacité complète ; ils ont une cassure terne et compacte, et sont beaucoup moins durs que les Agates.

Nous mentionnerons seulement le *Jaspe rouge*, coloré par du peroxyde de fer, le *Jaspe jaune*, coloré par du protoxyde de fer, le *Jaspe vert*, coloré par divers silicates, le *Jaspe fleuri*, assemblage de Jaspes rouge, vert, bleu, jaune, mélangés irrégulièrement et souvent accompagnés par de la Calcédoine. Les Jaspes se rencontrent en assez grandes masses dans la nature, surtout en Italie, où on les emploie pour fabriquer des objets d'ameublement, tels que vases, socles, pendules ; on en fait un grand usage à Florence pour la marqueterie et la mosaïque.

La troisième espèce, le *Quarz-Opale*, qui diffère des deux précédentes en ce qu'elle contient de l'eau, offre une cassure largement conchoïde, c'est-à-dire creusée en coquille. Son mode de formation est analogue à celui du Quartz-Agate. Voici les principales variétés :

L'*Opale noble*, Quarz-Opale à fond ordinairement laiteux, légèrement bleuâtre et translucide, d'où sortent les reflets les plus brillants de l'iris. Ces reflets, si agréablement colorés, proviennent d'une multitude de fissures qui interrompent la continuité de la pierre et déterminent la réflexion des différents rayons de la lumière décomposée ; aussi tous ces beaux reflets s'évanouissent quand on vient à briser l'Opale ; cette variété est très estimée par les lapidaires, qui la taillent en cabochon ;

Le *Girasol*, Quarz-Opale à demi-transparence laiteuse, avec de beaux reflets chatoyants ;

Le *Quarz résinite*, Quarz-Opale de couleur peu brillante, sans reflets particuliers ; cassure à surface luisante comme celle de la résine récemment brisée ;

La *Ménilite*, Quarz-Opale opaque, formant des plaquettes ou des petites masses en rognons, un peu luisantes, bleuâtres à la surface, brunes luisantes à l'intérieur ;

L'*Hydrophane* ou *oculus mundi*, Quarz-Opale, happant à la langue, blanc, jaunâtre, ou rougeâtre, à peine translucide, devenant transparent après un court séjour dans l'eau. Au moment où l'on plonge une Hydrophane dans l'eau, on voit s'élever de sa surface une multitude de petites bulles d'air, qui se succèdent rapidement en files non interrompues, jusqu'à ce que l'air que contenait la pierre ait été remplacé par l'eau. C'est cette substitution de l'eau à l'air qui produit la transparence, c'est-à-dire le passage des rayons lumineux à travers la pierre : Un phénomène semblable peut s'observer dans une feuille de papier sur laquelle est tombée une goutte d'huile. L'eau en écume, la neige, les blancs d'œufs battus pour préparer ce qu'on appelle la *crême fouettée*, ne doivent leur blancheur qu'à l'interposition de l'air. Nous reviendrons sur les causes de ce fait quand j'aurai à vous présenter des notions sur les propriétés de la lumière.

La variété nommée *Opale xyloïde* est de la Silice qui a pris la place d'un bois; elle en offre la structure, et quelquefois se sépare en fibres, comme du bois naturel : ici la matière végétale a disparu, et le minéral a conservé la forme de la substance organique à laquelle il s'était substitué.

Le *Quarz lydien* ou *pierre-de-touche* est de la Silice opaque d'une couleur noire, due à un mélange intime de charbon, car elle blanchit au feu; cette pierre est faiblement tenace, mais ellé est très dure, et sert à éprouver les bijoux d'or et d'argent.

Le *Tripoli* est de la Silice feuilletée, de couleur jaunâtre ou rougeâtre, et se mettant facilement en poudre, ce qui le fait employer pour le polissage des métaux.

Je vous ai dit que la Silice pure peut, sans subir d'altération, être mise en contact avec tous les Acides, excepté l'Acide fluorhydrique. Les Alcalis (Potasse et Soude) sont sans action sur elle à froid, mais à chaud, ils se combinent avec elle, la rendent fusible, et forment des Silicates solubles dans l'Eau, dont on peut ensuite séparer la Silice. Voici comment on opère :

On fait fondre dans un creuset de Platine, que la Silice ne peut attaquer, un mélange intime de quatre parties de Carbonate de Potasse et d'une de Silice pure en poudre fine ; le Silicate formé se dissout complètement dans l'eau, quand elle a été longtemps bouillante ; si l'on étend la liqueur d'une grande quantité d'eau, et qu'on y verse de l'Acide chlorhydrique, la potasse, pour se combiner avec celui-ci, abandonne la Silice, qui reste en suspension dans l'eau, en gelée transparente, sans qu'on puisse la séparer par la filtration. Si, au contraire, le Silicate de potasse a été dissous dans une petite quantité d'eau chaude, l'Acide chlorhydrique, en déplaçant la potasse, précipite la Silice en flocons gélatineux, qui restent sur le filtre. Cette Silice en gelée est un Hydrate, un peu soluble dans l'eau, mais elle perd facilement son eau, et se présente sous la forme d'une poudre blanche farineuse, qui devient très dure quand on l'a calcinée.

Cette opération nous explique comment les eaux des sources, des puits et des rivières tiennent en dissolution plus ou moins de Silice : on peut admettre que l'eau s'est trouvée en contact avec la Silice au moment où elle se séparait d'une base, à l'état de matière gélatineuse, seule circonstance où elle puisse se dissoudre dans l'eau. Les eaux jaillissantes de la vallée de Rikum, en Islande, nous offrent un exemple merveilleux de cette solubilité de la Silice gélatiniforme. Ces eaux, connues sous le nom de *Geyser*, forment des jets de cent cinquante pieds de hauteur et de seize pieds de diamètre. L'eau s'élance avec bruit des bassins, dont les parois intérieures sont couvertes d'incrustations siliceuses, en forme de choux-fleurs ; la température de ces sources varie entre 80 et 100 degrés au dessus de zéro ; l'eau contient plus de 500 grammes de Silice par kilogramme. Je vous rappellerai cette solubilité de la Silice, quand nous étudierons la *Physiologie* des végétaux.

ZIRCONE. — A la suite de la Silice, nous devons mentionner une terre, qui est, comme elle, composée d'Oxygène et d'un corps solide non métallique, qu'on a nommé *Zirconium*. La Zircone n'existe pas pure dans la nature; elle se trouve combinée avec la Silice dans une pierre nommée *Zircon* ou *Hyacinthe;* cette pierre cristallise en octaèdres ou en prismes carrés terminés par des pyramides à quatre faces; elle est toujours plus ou moins transparente, et de couleur brunâtre, ou rougeâtre, ou verdâtre, ou jaunâtre. Le Zircon est infusible au feu et inattaquable aux Acides; les Alcalis l'attaquent difficilement; il est plus dur que le Quarz hyalin, et peut le rayer.

Les Zircons, nommés plus communément *Jargons* ou *Hyacinthes*, sont peu estimés dans le commerce, à cause de leur faible éclat; on en polit cependant quelques variétés, que l'on taille pour la bijouterie et pour servir de chapes ou de supports aux pivots de l'horlogerie fine.

Les variétés blanches bien choisies ont un certain éclat qui rappelle un peu celui du Diamant.

Alumine. — L'Alumine n'est pas moins universellement répandue que la Silice, avec laquelle elle est presque toujours combinée. Cette substance est composée d'Oxygène, et d'un métal récemment découvert, nommé *Aluminium*, que l'on ne trouve jamais seul dans la nature. Je vous en parlerai dans la prochaine leçon, quand nous commencerons l'histoire des métaux.

L'Alumine se rencontre à l'état terreux dans tous les sols propres à la culture; elle y est mélangée avec de la Silice, des Carbonates de Chaux et de Magnésie, des Oxydes de Fer. Ces mélanges sont désignés sous le nom d'*Argiles*; quelques unes de ces argiles contiennent des matières *organiques*, c'est-à-dire provenant de végétaux ou d'animaux; c'est ce qui explique la coutume bizarre de quelques peuplades misérables de l'Australie, qui combattent la faim en s'ingérant dans l'estomac de grandes quantités d'argile.

L'Alumine pure se rencontre cristallisée dans les Indes, au Thibet, dans l'île de Ceylan et dans quelques localités d'Europe; les lapidaires lui donnent le nom de *Corindon*. Le Corindon ne le cède qu'au Diamant pour la dureté; il constitue des *gem-*

mes, ou pierres précieuses, qui portent différents noms, suivant leur couleur.

Le *Corindon hyalin* est de l'Alumine transparente et incolore;

Le Corindon bleu est le *Saphir;*

Le Corindon jaune est la *Topaze orientale;*

Le Corindon vert est l'*Emeraude orientale;*

Le Corindon violet est l'*Améthyste orientale;*

Le Corindon laiteux est le *Saphir calcédonieux;*

Le Corindon coloré en rouge est le *Rubis oriental,* gemme aussi précieuse que le Diamant, et le surpassant même en valeur quand elle est d'une belle teinte de feu. Un Rubis de 30 grammes, s'il est sans fissures et sans taches, est d'un prix inestimable.

Les diverses variétés de Corindon cristallisent en rhomboèdres (faces en losange), ou en dodécaèdres (douze faces) à faces triangulaires, ou en prismes hexaèdres (six faces) réguliers.

Le *Corindon ferrifère* ou *Emeril,* est de l'Alumine à grains irréguliers, de couleur foncée, violacée, presque opaque, mêlée à de l'Oxyde de Fer; on s'en sert pour user et polir les corps durs. Pour cela, on le met en poudre fine sous des meules d'acier, et on délaie ensuite cette poudre dans l'eau ; les particules les plus fines restent plus longtemps suspendues dans le liquide ; on décante cette eau, on la laisse reposer, et la poudre d'émeril se dépose. Le *papier de verre* est un papier ou une toile imprégnée de colle forte, et saupoudrée soit d'Emeril, soit de Quarz pulvérisé.

Il existe une autre pierre précieuse, nommée aussi *Rubis* ; c'est de l'Alumine combinée avec de la *Magnésie* ; il cristallise en octoèdres réguliers. On en connaît deux variétés : le *Rubis balais* et le *Rubis spinelle*. Le Rubis balais est d'une nuance rosée ou rougeâtre, que l'on imite en brûlant la *Topaze* dans une enveloppe d'amadou ; le Rubis spinelle est d'une teinte plus riche et plus vive, et peut rivaliser avec le Corindon ou Rubis oriental ; il se distingue de ce dernier, en ce que le Corindon, quelles que soient la vivacité et la pureté de sa nuance, prend toujours, quand on l'observe très près de l'œil, une teinte de violet pourpre très sensible, tandis que le Rubis spinelle, ou vrai Rubis, approché très près de l'œil, paraît, au jour, d'une simple couleur rosée.

Revenons à l'Alumine terreuse.

Les *Argiles* offrent des caractères connus de tout le monde ; elles sont onctueuses au toucher, et prennent du poli quand on les lisse avec l'ongle ; elles sont très avides d'eau ; c'est pour cela qu'elles happent à la langue, en absorbant rapidement la salive. Elles ont la propriété de former avec l'eau une pâte, qui se laisse allonger dans tous les sens, et qui, ayant été soumise au feu, ne se délaie plus dans l'eau, et acquiert une grande dureté.

Cette avidité pour l'eau, cette plasticité et cette cohésion données par la cuisson, sont des propriétés qui appartiennent à l'Alumine, comme vous pouvez le vérifier en observant cette terre à l'état de pureté ; de là l'immense utilité des Argiles pour la fabrication des *poteries* de toute espèce. Nous reviendrons sur ce sujet.

L'Alumine à l'état terreux n'est jamais complètement pure ; on l'obtient en traitant l'*Alun* ou *Sulfate d'Alumine et de Potasse* dissous dans l'eau, par le Carbonate d'Ammoniaque : l'Acide sulfurique abandonne l'Alumine pour se combiner avec l'Ammoniaque ; l'Acide carbonique se dégage à l'état de gaz, et l'Alumine se précipite en gelée blanche, laquelle gelée, lavée et desséchée, donne l'Alumine pure.

L'Alumine est infusible à la température la plus élevée de nos fourneaux; mais dans la flamme formée par un mélange d'Oxygène et d'Hydrogène, elle fond sous forme de globules incolores, qui souvent prennent en se refroidissant une texture cristalline. Pour cela, il suffit de chauffer de l'*Alun* dans la flamme d'Oxygène et d'Hydrogène : l'Acide sulfurique et la Potasse se volatilisent à cette haute température, et il ne reste que l'Alumine, qui ne tarde pas à entrer en fusion; si on a ajouté à l'Alun un sel coloré en rouge (Chromate de Potasse), l'Alumine fondue imite parfaitement le Rubis.

L'Alumine *en gelée* a une affinité très prononcée pour les matières colorantes. Si dans une eau tenant en dissolution le principe colorant de la Cochenille, on délaie de l'Alumine en gelée, et qu'on chauffe légèrement, l'eau est décolorée, et l'Alumine s'imprègne de la couleur rouge. Les *laques*, employées dans les arts, ne sont autre chose que de l'Alumine, unie à des matières colorantes, et formant avec elles un composé insoluble.

L'Alumine combinée possède, comme l'Alumine libre, la propriété de s'emparer des principes colorants. C'est ce qui rend l'Alun si précieux, et le fait employer comme *mordant* par les teinturiers.

L'Alun est un sel blanc, à saveur âpre et douceâtre, résultant de la combinaison du Sulfate d'Alumine et du Sulfate de Potasse ou d'Ammoniaque. Ce *sel double* existe tout formé aux environs de certains volcans, mais en petite quantité. On le fabrique de toutes pièces par divers procédés; les plus usités sont ceux-ci : 1° on abandonne au contact de l'air du *Sulfure de Fer*, mélangé avec de l'Argile : le Soufre absorbe l'Oxygène de l'air et se change en Acide sulfurique, qui forme avec l'Alumine de l'Argile un Sulfate d'Alumine, auquel on ajoute ensuite du Sulfate d'Ammoniaque ou de Potasse, pour le changer en Alun; 2° on traite les Argiles pures par l'Acide sulfurique et dans le Sulfate d'Alumine formé, on verse du Sulfate d'Ammoniaque ou de Potasse.

4427—Imp. MAULDE et RENOU, rue Bailleul, 9-11.

OUVRAGES ADOPTÉS

PAR

L'ASSOCIATION POUR L'ÉDUCATION POPULAIRE.

───────────

Leçons de sciences naturelles appliquées à l'hygiène, par M. le docteur Emm. LE MAOUT.